AF483023

DISSERTATION
SUR LE
CACAOYER,

PRESENTÉE A MESSIEURS DE LA' Societé-Royale des Sciences de Montpellier, par Mr. MILHAU, Chevalier de l'Ordre de St. Michel, Conseiller au Senéchal & Présidial, Correspondant de ladite Societé.

Lûë à l'Assemblée du 1er Septembre 1746.

Tentanda via est, qua me quoque possim, tollere humo. Virg. Georg. III.

A MONTPELLIER;
De l'Imprimerie de JEAN MARTEL, Imprimeur du Roi, & de Nosseigneurs des Etats.

M. DCC. XLVI.

DISSERTATION
SUR LE
CACAOYER.

MESSIEURS,

QUOIQUE plusieurs Auteurs nous ayent donné des Traités particuliers fur le Cacaoyer , je me flâte que vous voudrez bien recevoir le Fruit des Obſervations que j'ai faites pendant mon ſéjour aux Iſles de l'Amerique , ſoûtenuës par un Examen que j'ai fait par moi·même , pour ne rien d'écrire qu'après le naturel , de ne rien avancer qu'après l'experience , & de douter même des experiences , juſqu'à ce que je les aye réïterées avec exactitude.

4

On sçait à n'en pouvoir pas douter, que tout le Cacao qui se consume aujourd'hui en France, & dans toutes les Parties de l'Europe, vient du Continent de l'Amerique, ou Espagnole, ou Portugaise, ou Françoise, c'est-à-dire, de Caraque, du Bresil, ou de la Colonie de Cayenne, car on ne cultive plus cet Arbre à la Martinique depuis le tremblement de Terre de 1727; on sçait aussi, que celui de Cayenne tient le second rang après celui de Caraque, que celui du Bresil, ou de Maragnan, est beaucoup inferieur, & que les Amandes sont moins nourries que les deux premiéres espéces. Je dirai même en passant, qu'on a decouvert au haut de la Riviére de *Kamopy*, * des Forêts de Cacaoyers, & que le Cacao qu'on en a apporté, a paru aussi-beau & aussi-bon, que celui qui croît à Cayenne, marque assurée que cet Arbre est du Crû de l'Amerique : je vais donc

---

* La Riviére de Kamopy, se décharge dans la Riviére d'Ouiapoc, qui est la seconde qu'on trouve après le Cap d'Orange à la côte de Cayenne.

traiter cette matiére avec ordre, & la di-
viserai en trois Parties; la premiére, ren-
fermera la Description du Cacaoyer ; la
seconde, la Culture de cet Arbre, & la
maniére de l'apprêter ; & la troisiéme,
ses Maladies, ses Proprietés, & ses Usages.

DESCRIPTION DU CACAOYER.

Le Cacaoyer est un Arbre qui s'éléve
à la hauteur de quinze à dix huit pieds,
pendant qu'il n'a qu'une maîtresse Racine
qui est d'une grosseur considerable, en-
vironné sur tout vers le Tronc d'une infi-
nité de Cheveux, qui s'écartent a droit &
à gauche, & s'enfonce perpendiculaire-
ment dans la Terre, jusqu'à la profon-
deur de quatre ou cinq pieds : Le Tronc
qui peut avoir dix à douze pouces de cir-
conference, & qui est d'ordinaire envi-
ronné de Gourmans, comme le Noisetier,
se partage en plusieurs Branches, & forment une espéce de Couronnement qui
n'est pas reglé, en ayant vû qui couron-
nent à un, deux, trois, quatre, cinq &
six pieds ; ainsi à cet égard on ne peut

rien déterminer : Son Ecorce est brune & assez unie, ainsi que celles des Branches sur lesquelles viennent les Feüilles qui croissent alternativement, & sur le même plan : elles sont d'abord rousses & fort tendres, mais elles deviennent plus dures & d'un verd assez gay, à mesure qu'elles vieillissent : elles sont divisées en deux parties égales par une forte Nervure, qui jettent dix ou douze Fibres de chaque côté: elles sont entiéres, sans Denteleure, terminées en pointe aiguë, & ont souvent plus de vingt pouces de longueur, sur environ six de largeur : Le Pedicule, qui le soûtient, est de la grosseur d'une Plume à écrire, & peut avoir deux pouces de longueur.

La Fleur, qui est fort petite, est portée sur un Pedicule, long de sept à huit lignes, très-foible d'abord, mais qui grossit beaucoup dans la suite, & est formée par cinq Petalles irreguliéres : Chacun est composé, pour ainsi dire, de deux parties, dont la premiére est attachée à la bosse du Pistille, & creusée en forme de Casque, dont le dedans qui regarde le centre de la Fleur, eſt coupée du bas en haut par trois Lignes rouges, qui s'élevent juſqu'à environ les deux tiers de cette premiére partie de Petalle, qui au reſte eſt d'un blanc ſalle des deux côtez : à l'extremité ſuperieure & poſterieure de ce Caſque, commence l'autre partie du Petalle, qui forme une eſpéce d'Eſpatulle, fort étroit d'abord, mais qui s'élargit enſuite en deſcendant le long de la partie poſterieure du long du Caſque ; la couleur eſt d'un jaune aſſez beau : Le Calice eſt compoſé de quatre Feüilles d'un blanc de jaſmin, creuſées en Cueilléres, de quatre lignes ou à-peu près de longueur, ſur environ la moitié de largeur, dans leur milieu terminées en pointe, & coupées longitudinallement en dehors par une Ligne rouge, qui va d'une extremité à l'autre : elles ſe partagent en deux parties à l'endroit de cette Ligne, lorſqu'elles ſont prêtes à tomber : Le centre du Calice eſt occupé par un Piſtille, de la boſſe duquel ſortent & s'élévent cinq Filets bruns, longs d'environ quatre lignes, affez gros à leur Origine, mais terminez en pointe, & cinq autres plus petits, jaunes, furmontez des Sommets, & qui fe jettent en forme d'Arc dans la concavité de la premiére partie de chaque Petalle.

La Boffe du Piftille devient un Fruit qui eft d'abord très-verd, & jaunit en meuriffant ; il reffembleroit alors, quant à la forme exterieure, à un petit Concombre, fi ce n'eft qu'il eft plus profondement crenelé, ou plûtôt fillonné ; fa Gouffe eft auffi plus raboteufe, épaiffe de cinq ou fix lignes, tabiffée en dedans d'une efpéce de Duvet fort blanc & très-humide, lequel envelope auffi les Semences qui reffemblent à des Amandes, à cela près qu'elles font un peu plus larges, plus épaiffes, moins longues & móins pointuës ; elles font rangées les unes fur les autres, comme des Grains de Mai autour d'une efpéce de Pivot, qui occupent le centre du Fruit, & qui n'eft guere plus gros, mais plus mou que cette partie de la Tige du Blé, autour de laquelle font rangées les Semences.

On trouve d'ordinaire dans une Gouffe de Cacao, quarante à quarante-cinq Amandes. Je ne puis m'empêcher de remarquer ici en paffant, le peu d'exactitude des Rélations touchant le nombre des Amandes qu'on trouve dans chaque Gouffe : Dampierre dans fon nouveau Voyage du tour du Monde, dit qu'il y en a ordinairement près de cent; Pomet, Hiftoire-générale des Drogues, Chomel & Valentin, dans leur Abregé des Plantes ufuelles, foixante, foixante-dix, & quatre-vingt rangées, comme les Grains de Grenade; Thomas Gage, dans fa nouvelle Rélation des Indes occidentales, de trente à quarante; Colmenero, dix à douze; & Œxmelin, dix, douze, jufqu'à quatorze; pour moi je puis affurer, après mille experiences, de n'en avoir jamais moins trouvé de quarante, à moins que ce ne foit des Gouffes avortées : A l'égard du Duvet, on en fait quelquefois une Boiffon, qui eft douce & agréable à boire, & quelquefois on fe donne le plaifir de mettre ces Amandes de Cacao avec leurs Envelopes dans la Bouche, pour la rafraîchir agréablement & étancher la foif.

Comme les Fleurs & le Fruit vient autour de l'Arbre, fouvent à la naiffance des groffes Branches, rarement dans leur milieu, & jamais à leur extremité; il eft bon d'obferver que les Figures qu'on nous a donné dans le Tournefort, *Table 444*, font très-defectueufes : venons maintenant à fa Culture, & à la maniére de l'apprêter

On appelle Cacaoyére, une efpéce de Verger d'Arbres de Cacaoyers, plantez au Cordeau, & lorfqu'on veut la planter, il faut choifir la fituation du Lieu, & la nature du Terroir, qui lui convient; car, le Cacaoyer ne vient pas par tout avec la même facilité & le même fuccès, *non omnis fert omnia tellus*, il demande une Terre profonde, plûtôt forte que foible, fraîche & bien arrofée, mais non pas noyée : Il ne croît pas non-plus dans une Terre argileufe; dans ces endroits fon Pivot ne pouvant vaincre la refiftance que lui oppofe l'Argile, fe courbe, & l'Arbre perit : cette efpéce de

Terre ne lui fournit pas affez de nourriture ; & d'ailleurs, en fe deffechant, elle
comprime trop fes Racines, qui ne peuvent qu'en fouffrir beaucoup : La Terre
la plus convenable au Cacaoyer , eft
la Terre noire ou rougeâtre , dans laquelle fe trouve un quart ou un tiers de
Sable, & quantité de petites Roches dé-
tachées : dans un Terrein de cette nature,
il eft toûjours fraix fans être jamais noyé,
les moindres Pluyes l'arrofent parfaitement:
le Sable & les Roches tiennent toûjours
la Terre ouverte , & donnent moyen à
fes Racines de fi enfoncer facilement, &
d'en tirer toute la nourriture qui lui eft
néceffaire : Tel eft le Tefrein de l'Ifle de
Cayenne, où le Cacaoyer vient le mieux.
La Terre eft encore plus forte dans *l'Oyac*,
c'eft-à-dire, dans la grande Terre ou Continent, ou cet Arbre vient auffi fort-bien,
mais on a remarqué qu'il y raporte moins,
quoiqu'ils y deviennent plus grands &
plus forts ; les Fleurs & les Fruits y font
plus fujets à couler, à caufe des grandes
Pluyes.

On plante le Cacaoyer de Graine ou de Plan, car il ne vient jamais de Bouture; même il eſt bon d'obſerver de ne jamais le planter de Graine dans des Terreins vieux & uſez; il vaut beaucoup mieux le planter de Plan un peu fort, il eſt par-là moins expoſé aux ravages des Inſectes; ainſi, pendant qu'on travaille à faire un abatis dans ces ſortes de Terreins, on fait le plus près qu'il eſt poſſible une Pepiniére, qui n'occupant qu'un petit eſpace, peut être aſſez facilement garanti des Inſectes nuiſibles, tels que les Vers & les Fourmis rouges, dont je parlerai dans la ſuite.

Le choix d'une Cacaoyére & de ſa grandeur, mérite beaucoup d'attention : j'ai déja parlé de la qualité du Terrein, il faut en venir maintenant à ſa grandeur: Il faut qu'elle ſoit médiocre; car les petites, ſur tout dans les fonds, n'ont par aſſés d'Air & ſont étouffées, & les grandes juſqu'à l'excès, ſont trop expoſées à la ſéchereſſe & aux grands Vents.

La place de la Cacaoyére étant choiſie, & ſa grandeur déterminée, on abat le Bois,

& pendant qu'il féche on fait fa Pepiniére :
Pour cet effet on choifit un Lieu voifin
de quelque Riviére ou Marécage, afin de
pouvoir l'arrofer fans peine : On met les
Graines à fix pouces l'une de l'autre : Huit,
dix, douze jours, plus ou moins, felon que
le tems plus ou moins propre, avance ou
recule la Végétation, le Grain cilindrique
du Germe venant à fe gonfler, pouffe en
bas la Radicule, qui devient enfuite le
Pivot de l'Arbre, & en haut la Plume,
qui eft un racourci de la Tige & des Branches; ces Parties croiffant & fe developant
de plus en plus, les deux Lobes de l'Amande un peu feparez & recourbez, fortent
les premiers de la Terre, & à mefure que
le Pied s'éléve, fe redreffent, & fe fepa-
rant tout-à-fait en deux Feüilles diffimilai-
res, d'un verd obfcur, épaiffes, inégales,
& comme recroquebillées, font ce qu'on
appelle les Oreilles de la Plante : La Plume
paroît en même-tems, & fe partage en
deux Feüilles tendres, & d'un verd clair
& naiffant : A ces deux premiéres Feüilles,
oppofées deux à deux, en fuccédent deux

14

autres de même; à celles-ci deux troisiémes;
le Pied s'éléve à proportion, & ainsi de
suite : Quatre ou cinq mois après, on met
le feu à l'abatis, & quand tout est con-
sommé, & qu'il se trouve parfaitement
nétoyé, on dresse des Allées où l'on plante
des Piquets de deux ou trois pieds de long,
à l'intervalle, c'est-à-dire, à la distance que
l'on a resolu de donner aux Cacaoyers
qu'ils représentent : Au commencement de
l'Hiver, dès que les premiéres Pluyes ont
humecté la Terre à une certaine profon-
deur, on coupe la Terre tout au-tour, &
à trois pouces de l'Arbre, qu'on transporte
ainsi au Lieu qu'on l'a destiné : il peut
avoir alors la grosseur du petit doigt,
& deux ou trois pieds de hauteur : Avant
que de le mettre en terre, il faut avoir
la précaution de couper la maîtresse Racine, si elle excéde la Motte, afin de l'empêcher de se courber, ce qui feroit perir
l'Arbre dans ces Lieux, où la Terre n'a
pas assés de corps pour pouvoir s'enlever.

On peut planter de Graine, comme je l'ai
déja dit, mais il faut avoir soin que ce

foit de groffes Amandes & bien nourries, car il y auroit de l'imprudence d'en employer d'avortées : Il faut planter le gros bout en bas ; c'eft celui-là qui tient par un petit filet au centre de la Coffe , quand on tire l'Amande en dehors ; fi on plantoit le petit bout en bas, le Pied viendroit tortu , & ne réüffiroit pas : on peut , fi l'on veut , la mettre de plat , elle ne laifferoit pas de venir affés bien , mais toûjous il faut obferver de mettre en Terre deux Graines pour chaque pied d'Arbre qu'on veut élever , parcequ'il n'eft pas poffible qu'il n'en manque un bon nombre ; & lorfque les deux Graines levent également bien , les Arbres furnumeraires fervent à recourir la Piéce , & fupléent aux Graines qui ont peri. Enfin , on fait ùne Piéce de *Manioc* de tout l'efpace defriché , prenant garde de n'en planter aucun pié trop près des piquets ; ce que l'on doit obfer- ver , & qui merite une attention fingu- liére , c'eft de ne laiffer jamais croître au- cune Herbe dans la Cacaoyére , recom- mençant à farcler par un bout, dès qu'on a fini par l'autre ; car si on laisse grainer les Herbes, on a une peine infinie à les détruire, parceque la vegetation n'est jamais interrompuë dans ce Païs-là par le froid, & ses Sarclesons continuelles durent jusqu'à ce que les Cacaoyers devenus grands, & leurs Branches se croisant, leur ombrage empêche les mauvaises Herbes de pousser.

Lorsque les Cacaoyers ont atteint neuf mois, on arrache le *Manioc*, parceque cet Arbrisseau les étoufferoit, & à la place, on peut semer des Concombres, des Melons d'Eau, des Citroüilles, des Giromons, & parceque ces Plantes par leurs feüilles rampantes conservent la fraîcheur de la Terre, & étouffent les mauvaises herbes.

Les Cacaoyers, un an après, commencent a faire leur Tête, & forment cinq Branches au Sommet, qu'on appelle ici communement Couronnement, & lorsqu'il arrive que son Couronnement n'est qu'à deux ou trois branches, il convient de les receper, & d'attendre une nouvelle couronne, qui ne tardera pas à se former ; le Couronnement venu , il arrive très-souvent, qu'un pouce ou deux, au-dessous de leur Couronne, il pousse de nouveaux Jets, ou Rejetons, qui produisent chacun leur Couronne ; il faut avoir un soin extrême de châtrer tous ses Rejetons, qui anéantiroient la première Couronne ; il convient aussi de retrancher le Bois mort : A mesure que les Cacaoyers croissent, ils se dépoüillent de leurs Feüilles, qui sont remplacées par d'autres, de manière qu'il n'arrive jamais qu'ils en soient dépoüillez entièrement.

Les Cacaoyers commencent pour l'ordinaire à raporter à deux ou trois ans ; j'en ai vû cependant chargez de Fruits à dix-huit mois, mais ils avoient été plantez de Plan ; c'est une avance de six mois : ils raportent ici beaucoup plus qu'ils ne faisoient à la Martinique, lorsqu'on y cultivoit ces Arbres. On compte à Cayenne que chaque pied donne deux livres de Cacao par an, l'un portant l'autre, au lieu qu'ils ne donnoient qu'une demi livre à la Martinique ;

il y a même quelques Arbres à Cayenne, qui ont raporté vingt, trente & quarante livres de Fruit ; mais on ne doit pas le tirer à conſequence ; ce ſont des Arbres iſolez, à l'abri du Vent, proche des Caſes, & bien fumez, avantages que ne peuvent pas avoir des huit, dix mille Pieds plantez dans la Campagne : *Una Hirundo non fit Ver.* A l'égard de la diſtance qu'il convient de laiſſer entre chaque Pied d'Arbre, on ne peut preſcrire aucune régle ; les uns les plantent à huit, neuf pieds de diſtance, les autres à dix à douze pieds ; il eſt certain que dans les endroits monteux, neuf pieds de diſtance ſufiſent ; mais on ne peut pas blâmer ceux qui les plantent à la diſtance de douze pieds, parceque les Arbres en deviénent plus forts, & produiſent plus, mais auſſi tardent-ils plus à couvrir leur Terre, ce qui n'eſt pas l'avantage des Habitans qui ont peu de forces, & dont l'interêt conſiſte à diminuer leur ſerclage ; d'ailleurs, on peut dire pour ces premiers, que dans une Cacaoyére d'égale grandeur, on fait entrer dans un même Terrein un tiers plus d'Arbres : or, je ne crois pas qu'on puisse trouver un tiers à dire entre le produit de chacun de ces Arbres plantez à ces diferentes distances.

Le Cacaoyer est toûjours couvert de Fleurs & de Fruit qu'on cueille en tout tems : on en fait cependant deux Recoltes principales chaque année, une en Hiver, dans les mois de Décembre, Janvier & Février, & l'autre en Eté, pendant les mois de Mai, Juin & Juillet : Ayant couvert sa Terre, il ne s'agit plus que de détruire quelques Insectes, & cueillir le Fruit : Lorsque le Fruit est mûr, ce qui se connoît par la Cosse, qui devient jaunâtre, & ne laisse que le bout d'en bas qui demeure verd, on parcourt les Arbres de rang en rang, & avec des Gaulettes fourchuës, on fait tomber les Cosses mûres, prenant garde de ne point toucher à celles qui ne le sont pas, non-plus qu'aux Fleurs ; c'est la chose la plus facile, parceque ces Cosses sont à des distances raisonnables, pour n'être point endommagées : Le Negre qui a fait cette operation, recourt de rang en rang, ramasse les Cosses qui sont à terre, & en fait des Piles dans la Cacaoyére, qu'on laisse trois ou quatre jours sans y toucher : il faut avoir soin de les écaler au bout de ce tems-là, car autrement elles germeroient; pour cela on frape sur le milieu de la Cosse, & on en tire les Amandes qu'on met dans des Paniers, laissant dans la Cacaoyére les Cosses vuides, qui, pourries aussi-bien que les Feüilles de la dépoüille des Arbres, servent de Fumier continuel.

Tout le Cacao écalé, on le porte dans une Case, & on le met dans de Canots, qui ne sont autre chose que des Arbres creusez, où il reste quatre ou cinq jours pour suer, afin que le mucilage * ou l'humidité des Graines s'égoute; on le couvre de Feüilles de Bananier, & des Planches assujetties par de grosses Roches: après ce tems-là, on l'en tire pour l'exposer quelque heure à un Soleil vif & ardent, afin d'en consumer l'humidité qui pourroit le gâter ; après-

---

* Mucilage, c'est une Liqueur blanchâtre, qui poisse extrêmement. Ce mot vient du Latin, *Mucus*, Morve.

quoi on acheve de les faire fécher à l'ombre ou à un petit Soleil ; quand il eft bien fec, on l'arrofe d'Eau de Mer, on le met dans des Sacs, on le remuë ; & par cette operation, on lui ôte toute la vilainie qu'il a acquife, foit en féchant, foit celle qui lui refte par elle-même ; on le fait enfuite fécher une feconde fois, & pour-lors il ne faut plus fouffrir qu'il fe moüille, il ne s'agit alors que de le remuer de tems en tems, jufqu'à-ce qu'il foit fufifamment fec, ce qu'on connoît, fi en prenant une poignée de Cacao dans la main & la ferrant il craque, alors il eft tems de le mettre en Magazin : l'Eau de Mer, loin de le gâter, le conferve & l'empêche de fe piquer. Je ne puis m'empêcher de dire ici en paffant, les abus qui peuvent fe glifler dans la livraifon du Cacao. J'ai vû quantité d'Habitans qui livrent leur Cacao fans le faire fécher ni fuer ; d'autres fe contentent de le faire fécher dans des Etuves fans le faire fuer, parcequ'en fuivant cette maxime, leur Cacao pefe un quatt de plus ; mais, outre que c'eft une friponnerie, il arrive un autre inconvénient, qui eſt plus préjudiciable, c'eſt que non-ſeulement il ſe pique facilement, & ne ſe conſerve pas, mais même que mêlé avec d'autre il le pique de-même, & à ſon arrivée en France il eſt tout ver-moulu & invendable : Il eſt facile de remédier à cet abus, & de connoître s'il a ſué ou n'a pas ſué ; on n'a qu'à examiner l'Amande mondée de ſa peau exterieure, & on l'a trouvera d'un violet extrément clair, au-lieu qu'elle doit être d'un violet extrémement foncé.

Au commencement de la Culture de cet Arbre dans cette Colonie, on faiſoit tout ce qui étoit néceſſaire pour gâter le Cacao. Les Négocians François demandérent qu'on leur livrât le Cacao noir, ſur le fondement que celui de Caraque l'eſt de-même, en quoi ils ſe trompoient, car il eſt d'un cendré ſalle, & celui de Maragnan ou du Breſil eſt d'un rouge-brun, beaucoup plus foncé que celui de Cayenne ; pour cet effet, les Habitans pour le noircir, au lieu de le faire ſuer dans des Canots, le faiſoient ſuer dans des Chaudiéres de Fer ; cela le noirciſſoit effectivement, mais lui donnoit un goût d'aigreur ; aujourd'hui cette maniére n'eſt plus en uſage. Paſſons maintenant à ſes Maladies, ſes Proprietez, & ſes Uſages.

Ce qui cauſe la Mortalité des Cacaoyers, c'eſt le Vent, les Fourmis & les Vers qui s'inſinuent de Branche en Branche, & font perir l'Arbre : Je n'aurois pas beaucoup de peine à me perſuader qu'on doit attribuer la perte entiére de ces Arbres à la Martinique, à ces Vers, par les grands ravages que je leur ai vû cauſer à Cayenne. J'ai dit d'abord, qu'une des principales cauſes de la Mortalité des Cacaoyers, étoit le Vent ; c'eſt pourquoi j'ai donné pour Obſervation dans la ſeconde Pattie, qu'il ne faloit pas qu'une Cacaoyére fût extrémement grande, parce-qu'elle eſt plus expoſée au Vent qu'une médiocre : j'ai dit auſſi qu'il faloit planter une Piéce de *Manioc*, qu'il faloit arracher au bout de neuf mois ; mais, je dois dire à-préſent, que pour garantir les Cacaoyers du Vent, il faut planter des Bananiers de rang en rang ; ces ſortes d'Arbres, par leurs larges & grandes Feüilles, conſervent la fraîcheur dans la Cacaoyére, & la garantiffent entiérement du Vent. Les Fourmis font un grand ravage, fur tout la Fourmi rouge, dé-fignée ainfi par les Naturaliftes : *Formica major fubrubra, forcipibus ferratis* : ces fortes de Fourmis coupent les extrémitez de cet Arbre, & le font perir : On a trouvé le moyen de s'en défaire, foit en les étouffant dans les Fourmiliéres avec de la fumée de Soufre qu'on y introduit par le moyen d'un Souflet, qui eft une dépenfe confiderable qu'on pourroit épargner, fi on avoit affés en abondance de l'Herbe qu'on appelle *Affa fœtida*, ou *Stercus Diaboli*, qui produit le même effet, foit en les foüillant, qui eft le plus fûr : Pour cet effet, on dreffe une Chaudiére qui peut contenir deux ou trois Barriques d'Eau qu'on fait boüillir à grand feu; on foüille la Fourmiliére, & lorfqu'on trouve quelque Loge où ces Infectes ont formé leurs œufs, on les échaude, & par là tout perit; on les fuit de Loge en Loge, jufqu'à-ce que la Fourmiliére n'ait plus d'iffuë : c'eft de cette maniére que les Habitans un peu forts en Efclaves, ont pû fe défaire de ces Infectes; car

pour les petits Habitans qui ont peu de Ne-
gres, il leur eſt de toute impoſſibilité, & ils
n'ont d'autre reſſource que le Souflet. Pour
ce qui regarde les Vers qui occaſionnent la
perte des Cacaoyers,il faut avoir un Negre,
uniquement deſtiné à foüiller au pied de
ces Arbres : On ſe ſert pour ce Travail d'une
petite Serpe recourbée,& on le ſuit de branche en Branche, juſqu'à-ce qu'on l'ait trouvé ; ſans cette precaution , il s'inſinuë dans
tout le corps de l'Arbre, & pour ainſi dire,
dans un inſtant, un Arbre qu'on voit dans
toute ſa vigueur,perit:c'eſt un Travail qu'on
ne doit pas negliger. Je crois en avoir dit
aſſés ſur cette matiére, pour parler de ſes
Proprietez & de ſes Uſages.

La plûpart des Perſonnes qui parlent
du Cacao, le diſent froid de ſa nature,
& qu'on ne doit en uſer, qu'en y mêlant
des Aromates qui ſont ordinairement
chauds , afin que de l'action & réaction
des contraires, il en reſultât une qualité
temperée & incapable de nuire ; d'où ils
concluent que le Cacao étant ſec & ter-
reſtre, & ainſi jugé d'une qualité ſtipti-

que & aftringente , s'il n'étoit corrigé, devoit engendrer par lui-même des Obftructions dans les Vifcéres. Il y a des Auteurs qui ont pouffé les chofes au point, qu'ils ont prétendu que c'eft un Poifon froid ; & voici comme un de ces Auteurs s'explique , *Mexiaci friget nativa Cacai temperies , tantoque excedit frigore , ut inter noxia ne dubitem glandes cenfere Venena. Hinc fi quis folo Cocolatis fomite vitam extrahat , atque affueta neget cibi prandia , cenfim contrahet exfucto marcentem corpore tabem.* Je n'ai autre chofe à oppofer à ceux qui font de ce fentiment, que l'Huile qu'il contient & l'Amertume qu'on trouve en le goûtant , ne font point les indices d'un Mixte froid, puifque tous les amers font cenfez être chauds, & que l'Huile eft la matiére prochaine & néceffaire du feu ; pour moi je penfe que le Cacao eft temperé, & je vais le prouver d'une maniére invincible, en démontrant que le Cacao eft une fubftance fort temperée, un Aliment doux, benin , & incapable de nuire ; c'eft pourquoi fa froideur intrinfeque n'étant pas à craindre, il eſt inutile de lui aſſocier des Aromates acres & chauds, plus propres à alterer & à anéantir ſes bonnes Qualitez, qu'à en corriger les mauvaiſes qu'il n'eût jamais. Si le Cacao cauſoit des Obſtructions, on ne donneroit pas pour Remede aux Iſles aux Perſonnes qui en ſont attaquées, de manger une certaine quantité d'Amandes à jeun : mais parcourons ſes Qualitez, & faiſons voir ſa Temperature dans tout ſon jour. On ne peut pas diſconvenir que les Alimens journaliers, dont uſent toutes les Nations, ne ſoient des Alimens temperez & ſalutaires; s'ils avoient quelque mauvaiſe qualité prédominante, loin d'en uſer, on s'en ſevreroit. On peut faire l'application au Cacao, dont tous les Habitans de l'Amerique font un uſage journalier : ils en prennent à tout heure, en toute Saiſon, grands & petits, & pas un ne s'eſt plaint d'aucune incommodité, au contraire, ils éprouvent qu'il étanche la ſoif, qu'il rafraîchit, qu'il engraiſſe, qu'il provoque au ſommeil. J'en ai une preuve bien senfible en la perfonne de Mr. *Depoinci*, Gouverneur de *Marie Galande*, qui à l'âge de 78 ans, n'avoit jamais pris d'autre nourriture que du Chocolat. C'eft un fait qui peut être attefté par tous ceux qui l'ont connu. Il prenoit cette Boiffon à tout heure, & il ne s'en eft jamais trouvé indifpofé. Il eft vrai que fon Chocolat n'étoit autre chofe que du Cacao, diffout dans de l'Eau chaude, avec le Sucre & un zeft de Citron pour l'afaifonnement; & c'eft de cette maniére qu'on ufe de cette Boiffon dans toutes les Colonies ou tous les Aromates font bannis, quoique la Canelle & la Vanille qui entrent dans la compofition du Chocolat, ne foient ni rares, ni chers, comme en Europe; d'où l'on peut conclure que le Cacao eft fort nourriffant & de facile digeftion, fur-tout fi l'on fait attention que roti, broyé, fondu, & diffout fur le Feu dans une Liqueur boüillante qui lui fert de Vehicule; c'eft une Digeftion plus qu'à moitié faite, & ce qui le prouve évidemment, c'eft qu'elle fe fait promptement

fans trouble, fans travail, & qu'on ac-
quiert de nouvelles forces, lorfqu'on en a
ufé, quoiqu'à peine la Digeftion foit com-
mencée. On ne peut difconvenir que le
Cacao eft le Mixte dans la compofition
duquel il entre moins de Sel, contre ce
qu'avance Mr. de *Lymery*, dans fon Trai-
té des Drogues, pag. 127, qu'il en contient beaucoup, mais il ne l'a dit que fur
la Foi d'autrui ; il étoit trop habile pour
s'y meprendre. Les Chimiftes peuvent en
faire l'Obfervation, & ils ne trouveront
aucun veftige de Sel-volatil concret, ni
dans les Balons , ni dans les Chapitaux
des Cucurbites : Ils peuvent facilement
faire l'Analyfe chymique du Cacao , &
ils verront que le Feu donné par degrès,
le Phlegme fort le premier, coule goute
à goute pendant deux heures, & qu'un
peu de matiére blanche & onctueufe, fur-
nage deffus : le feu augmenté les goutes
deviennent rouffes , & fe congelent en
tombant dans le Balon, pendant le même efpace de tems : enfin encore, le Feu
augmenté le Balon fe remplit de Nuages

blancs , qui fe refolvent en une efpéce de Rofée blanche & onctueufe , qui eft partie Efprit, & partie une Huile blanche ; preuve évidente que le Cacao contient deux fortes d'Huiles , une rouffe & fixe qui fe congele du côté de la Cornuë , & l'autre blanche & volatille , matiére des Nuages blancs qui fe refolvent de l'autre côté du Balon. Ce qui nous prouve que le Cacao contient cet Huile volatil fi eftimé ; d'où il faut conclure qu'il y a une parfaite Analogie entre le Cacao & notre Sang : c'eft pourquoi j'eftime que les Gens avancez en âge doivent en ufer, comme-auffi ceux qui font de Conftitution maigre & féche , de Temperament foible , ceux qui font obligez à une longue application d'Efprit , qui les jettent dans des épuifemens extraordinaires. Par les raifons oppofées , l'ufage frequent & journalier , doit en être interdit aux Perfonnes d'un Embonpoint exceffif, aux grands Mangeurs des Viandes fucculentes, ces Corps pleins de Sang & de Graiffe n'ont point befoin d'un furcroit de nourriture. Quant à ces Ufages on peut les reduire à trois : on le met en Confiture, on le met en Chocolat, ou l'on en tire une Huile, à laquelle on donne avec raison le nom de Beurre; je n'entreprendrai que de parler de ce dernier, parceque les deux premiers sont connus de tout le Monde.

L'Amande du Cacao étant un Fruit très-oleagineux; son humidité se trouve si embarassée avec les autres principes, qu'il faut une industrie toute particuliére pour l'en separer, & pour la rendre pure, ce qu'on ne peut faire que par la decoction qui est la seule & véritable maniére de tirer l'Huile de Cacao, sans aucune alteration & dans toute sa pureté, rejettant la distilation & l'expression ; la premiére, comme étant très-imparfaite, parceque par la violence du Feu, toutes les Huiles qu'on obtient par cette voye sont denaturées ; & la seconde, parceque ce qu'on en tireroit, seroit fort impur & en très-petite quantité; c'est donc la decoction qu'on doit employer : pour cet effet on prend du Cacao rôti, mondé, & passé sur la Pierre, on jette cette Pâte bien fine dans une grande Bassine pleine d'Eau boüillante, fur un Feu clair, où on la laiffe boüillir jufqu'à la confomption prèfque entiére de l'Eau, alors on verfe deffus une nouvelle Eau, dont on remplit la Baffine, l'Huile monte à fa furface, & fe fige en maniére de Beurre, à mefure que l'Eau fe rafroidit. L'Huile ou Beurre de Cacao a cette proprieté, qu'elle ne fent rien & ne rancit jamais. Il ne s'agit plus que de finir, en difant que les Naturels de l'Amerique s'en fervent, comme un Cofmetique * dont les Dames qui ont le teint fec pourroient fe fervir : il calme la douleur des Hemorroïdes, de la Goûte, des Rhumatifmes, l'aplicant chaudement fur la Partie avec une compreffe imbibée : les Apoticaires devroient auffi l'employer pour fervir de bafe à leurs Baumes apoplectiques, à la place de l'Huile de Mufcade : Telles font les Obfervations que j'ai faites fur cet Arbre : Heureux, MESSIEURS, fi vous en paroiffez fatisfaits !

---

* Cofmetique eft une efpéce de Compofition de Fard, qui fert à embellir le Vifage. Ce mot vient du Grec Κόσμειν orner.